Bibliografische Information der Deutschen Nationalbibliothek:

Die Deutsche Bibliothek verzeichnet diese Publikation in der Deutschen National-
bibliografie; detaillierte bibliografische Daten sind im Internet über http://dnb.d-
nb.de/ abrufbar.

Impressum:

Copyright © 2013 GRIN Verlag, Open Publishing GmbH
Druck und Bindung: Books on Demand GmbH, Norderstedt Germany
ISBN: 9783656503439

Nikolaj Nevmyvako

Kleben von Kunststoffen

GRIN Verlag

Studienarbeit

Kleben von Kunststoffen

Nikolaj Nevmyvako

Sonderverfahren für Kunststoffe

August 2013

Zusammenfassung

Die vorliegende Studienarbeit beschäftigt sich mit dem Thema „Kleben von Kunststoffen".

Im ersten Kapitel werden die Bedeutung der Kunststoffe und der Klebtechnik, die historische Entwicklung sowie der Stand der Technik dargestellt.

Im zweiten Kapitel werden theoretische Grundlagen der Klebtechnologie vermittelt. Zunächst werden die notwendigen Begriffe und Definitionen, die für das bessere Verständnis sorgen sollen, niedergeschrieben. Im Anschluss werden der grundsätzliche Klebstoffaufbau und eine Klassifizierung der Klebstoffe entsprechend der physischen sowie chemischen Mechanismen dargestellt. Nachdem die Vorteile sowie Nachteile des Klebens dargestellt wurden, werden im letzten Abschnitt Entstehung und Wirkung der Adhäsion sowie Kohäsion bearbeitet.

Das Kleben von Kunststoffen wird im dritten Kapitel behandelt. Hierbei wird zunächst auf die Klebeigenschaften von Kunststoffen eingegangen. Dann wird ein gesamter Klebprozess mit den dazugehörigen Prozessen beschrieben und im vorletzten Abschnitt werden die eine Klebverbindung beeinflussenden Faktoren aufgezeigt. Dieses Kapitel schließt mit der Aufzählung einiger ausgewählter Anwendungsbereiche der Industrie ab.

Im letzten Kapitel wird ein zukunftsgerichteter Ausblick der Klebtechnologie in Verbindung mit dem Kunststoff aufgezeigt.

Inhaltsverzeichnis

Abkürzungsverzeichnis

ca.	circa
gg.	gegen
Jhd.	Jahrhundert
max.	maximal
u. U.	unter Umständen
u. v. m.	und vieles mehr
v. Chr.	vor Christus
z. B.	zum Beispiel

1 Einleitung

Kunststoffe sind heute aus unserem Leben nicht mehr wegzudenken, sie sind in nahezu allen Bereichen präsent. Gegenüber anderen Materialien besitzen sie enorme Vorteile und werden aus diesem Grund häufig eingesetzt.

Mit der rasanten Entwicklung im Bereich der Kunststoffverarbeitung nehmen auch die Anforderungen an die Fügetechnologie zu. Die klassischen Fügetechnologien wie Schrauben, Nieten, Löten und Schweißen verzeichnen jedoch bereits ein hohes technisches Niveau und besitzen zudem ihre bekannten Nachteile. Für die Anwendung der mechanischen Verfahren wie Nieten oder Schrauben müssen in die zu verbindenden Werkstücke Löcher gebohrt werden, die den Werkstoff also „verletzen" und damit schwächen. Aus diesem Fügeverfahren resultierende Verbindungen ermöglichen zudem nur eine punktförmige Kraftübertragung. Bei thermischen Verfahren wie dem Schweißen kommt es in der Wärmeeinflusszone zu einer Veränderung der spezifischen Werkstoffeigenschaften. Demgegenüber gewinnt die Klebtechnik als modernes Fügeverfahren immer mehr an Bedeutung und verzeichnet ein hohes Entwicklungstempo. Kleben repräsentiert einen innovativen Fügeprozess, mit dem belastbare Verbindungen aus unterschiedlichen Materialien aufgebaut werden können. Diese Verbindungen sind in der Lage, höhere statische und dynamische Belastungen innerhalb der geklebten Konstruktionen zu übertragen. Zudem lässt sich der Klebprozess automatisieren und eine im Allgemeinen kostengünstige Produktion erzielen.

Auf Grund der beschriebenen Bedeutung ist das Kleben von Polymerwerkstoffen interessant. Hierbei nehmen die thermoplastischen Kunststoffe eine zentrale Stellung ein. Aufgrund der geringen Dichte, des niedrigen Energieaufwands bei der Erzeugung, der vielseitigen und einfachen Formgebungseigenschaften und des relativ niedrigen Rohstoffpreises nimmt die Verwendung der Kunststoffe ständig zu. Zudem lassen sich die mechanischen, physikalischen und chemischen Eigenschaften der Kunststoffe anwendungsgezielt modifizieren. Kleben von Kunststoffen ist daher heute in allen Bereichen ein unverzichtbares Fügeverfahren geworden, um gleiche oder unterschiedliche Materialien miteinander zu verbinden.

1.1 Historische Entwicklung

Aus den vorliegenden geschichtlichen Zeugnissen geht hervor, dass der Mensch schon seit vielen tausend Jahren unterschiedliche Klebstoffe benutzte, um damit Gegenstände zu verbinden. Dies wurde schon lange vor dem Schrauben, Nieten und Schweißen angewendet. Damit zählt die Klebtechnik zu dem ältesten Verbindungsverfahren der Menschheit. Birkenharz zählt zu den ersten Klebstoffen der Menschheit, es wurde aus der Birkenrinde gewonnen. Dieses nutzten die Menschen in der Jüngeren Steinzeit, um die Speer- und Beilspitzen zu fixieren. Die Mesopotamier verwendeten um 4000 v. Chr. natürlichen Asphalt (Erdpech) für ihre Tempelbauten. 3000 v. Chr. beherrschten die Sumerer die Herstellung von Leimen aus tierischen Häuten. Durch das Kochen der Tierhäute erhielten sie eine Art Glutinleim und nutzten diesen als Klebstoff, aber auch tierisches Blut und Eiweiß wurden verwendet. Hingegen verwendeten die Phönizier und Römer Fisch- und Knochenabfälle zur Herstellung von tierischen Leimen und verklebten damit Holz. Die Schiffbauer im Jahr 2000 v. Chr. nutzten Erdpech und Holzkohlenteer, um die Holzplanken zusätzlich zu verkleben und abzudichten.   /Her-08/, /Sch-88/

Um etwa 1500 v. Chr. wurden in Ägypten mit Hilfe von pflanzlichen Leimen Holz und Stein geklebt. Die Abbildung 1-1 zeigt ein Relief aus der Zeit und skizziert die

Herstellung von Möbeln mit Leim. Zudem entwickelte sich aus dem Leimkochen ein Beruf. Das von den Ägyptern entwickelte Leimverfahren wurde später von den Griechen und Römern aufgenommen.   /Sch-88/

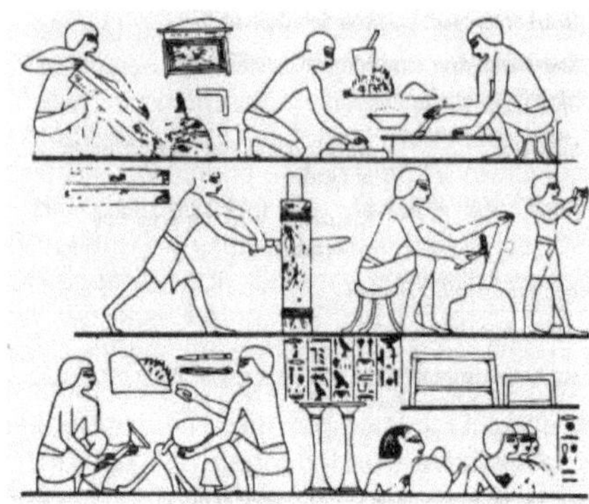

Bild 1–1 Holzklebung in Ägypten /Sch-88/

Die industrielle Entwicklung der Klebstoffe begann sich im 17. und 18. Jhd. zu entwickeln. 1690 wurde die erste Leimfabrik in Holland aufgebaut. Das erste Patent für Fischleim wurde 1754 in England erteilt. Ferdinand Sichel erfand 1889 den ersten gebrauchsfertigen pflanzlichen Leim. Die zunehmende Industrialisierung und die steigende Nachfrage nach pflanzlichen sowie tierischen Leimen haben zu einem enormen Aufschwung geführt. 1909 brach das Zeitalter der synthetisch hergestellten Klebstoffe an. Begünstigt wurde diese Entwicklung durch ein patentiertes Verfahren zur Phenolharz-Härtung von Leo Hendrik Baekeland. Fünf Jahre später wurde von Victor Rollett und Fritz Klatte das Polyvinylacetat patentiert, das erst in den 20er-Jahren kommerzielle Aufmerksamkeit erlangte. Es stellt heute noch den am vielfältigsten verwendeten synthetischen Rohstoff in der Klebstoffherstellung dar.
Die Entwicklung von Kunststoffen lieferte auf der einen Seite eine Basis für synthetische Klebstoffe, auf der anderen Seite benötigten diese spezielle Klebstoffe.
/Bro-05/
1932 entwickelte der Apotheker August Fischer den ersten gebrauchsfertigen, klaren Kunstharz-Klebstoff. Es war ein Alleskleber, der zuverlässig alle zur damaligen Zeit existierenden Materialien, sogar die ersten Kunststoffe wie Bakelit, verklebte.
/Uhu-32/
Ein entscheidender Durchbruch bei den Kunststoffverbindungen wurde durch die Produktion von anaeroben und Cyanacrylat-Klebstoffen in den 60er-Jahren erzielt.
/Ind-13/

1.2   Der gegenwärtige Stand der Technik

In der industriellen Fertigung gewinnt die Klebtechnik mehr und mehr an Bedeutung. So sind in nahezu allen Bereich Kunststoffverbindungen präsent, hierfür steht ein breites Spektrum an Klebstoffen zur Verfügung.
Die Polarität (Kapitel 2.5) hat einen Einfluss auf die Klebqualität und kann durch geeignete Vorbehandlungsverfahren positiv beeinflusst werden. Oft jedoch lassen sich auch durch die Anwendung dieser Verfahren keine signifikanten Verbesserungen der Klebung erzielen. PVC und ABS zählen zu den einfach verklebbaren Kunststoffen. Hierbei wird die Eigenschaft der Löslichkeit der Polymere unter Einwirken von Lösemitteln oder lösemittelhaltigen Klebstoffen zum Verkleben ausgenutzt (Kapitel 2.3.1.4), wobei ABS oder Polymere mit erhöhtem polarem Anteil durch rein adhäsiv wirkende Klebstoffe gefügt werden können. Noch vor kurzem zählten Polypropylen (PP) und Polyethylen (PE) zu den nicht verklebbaren Kunststoffen. Heute lassen sich diese ohne spezielle Vorbehandlung der Oberfläche durch spezielle Klebstoffe fügen und dabei beachtliche Festigkeiten erzielen.
Werkstoffe und ihre Anwendung bestimmen die Auswahl der geeigneten Klebstoffe. In der Praxis erfolgt die Auswahl im Allgemeinen in Zusammenarbeit mit dem Klebstoffhersteller. Eine Hilfestellung bei der Suche nach geeignetem Klebstoff kann auch eine Klebstofftabelle leisten. Solch eine Tabelle beinhaltet eine Empfehlung für Klebstoffe für bestimmte Kunststoffkombinationen. Da die Basiswerkstoffe durch die Zugabe von Additiven oder Komponenten modifiziert werden, müssen im Rahmen der Klebstoffauswahl einige Vorversuchsreihen ablaufen, und das geeignete Klebsystem zu finden. /DVS-12/

Durch die fortschreitende Entwicklung in der Polymerchemie lassen sich gezielt Klebstoffe aufbauen, die mit organischen und anorganischen Materialien eine feste Verbindung eingehen. So lassen sich heute fast alle Kunststoffe kleben. Um die geklebten Konstruktionen umweltbewusst zu recyceln, wird in jüngster Zeit an Klebverbindungen geforscht, die sich unter bestimmten Bedingungen lösen lassen. /Dom-08/,/Bro-05/

2 Theoretische Grundlage der Klebstoffsysteme

2.1 Begriffe und Definitionen

Das Kleben zählt, neben dem Löten und Schweißen, zu den stoffschlüssigen Fügeverfahren. Es beschreibt die Herstellung von Verbindungen zwischen homogenen oder heterogenen Werkstoffkombinationen auf Basis von Klebstoffen. Die so zustande kommende Klebverbindung überträgt die einwirkenden Kräfte innerhalb der geklebten Fügeteile. /Hab-95/

In der DIN EN 923 wird der Klebstoff als ein nichtmetallischer Werkstoff definiert, der Werkstücke durch Oberflächenhaftung (Adhäsion) und innere Festigkeit (Kohäsion) verbindet, ohne dabei das Gefüge der Werkstoffe wesentlich zu verändern. Im Kapitel 2.5 wird auf die Adhäsion und Kohäsion näher eingegangen, und im anschließenden Kapitel werden die wesentlichen Bestandteile der Klebstoffe aufgezeigt.

Die Abbildung 2-1 veranschaulicht eine Klebverbindung mit den dazugehörigen Begrifflichkeiten der Klebtechnik. Dabei beschreibt der Begriff Fügeteil einen zu verbindenden Werkstoff (Fügeteil 1), der durch das Kleben an der Klebfläche mit einem anderen Werkstoff (Fügeteil 2) gefügt werden soll. Die Klebfuge ist ein Zwischenraum zwischen zwei Klebflächen, der durch eine Klebstoffschicht ausgefüllt ist. Die Grenzschicht in einer Klebverbindung kennzeichnet einen Bereich, der zwischen Klebschicht und der Fügeteiloberfläche liegt. In diesem Bereich wirken die Adhäsionskräfte. Im Hinblick auf den Klebprozess beschreibt die Topfzeit, auch Gebrauchsdauer genannt, ein Zeitintervall, in dem ein Klebstoff verarbeitet werden muss, da sonst die Aushärtung eintritt. Abbinden oder auch Aushärten sind physikalische oder/und chemische Reaktionen, die nach dem Vereinigen der Fügeteile zu einer Festigkeit der Klebverbindung führen. /Hab-08/

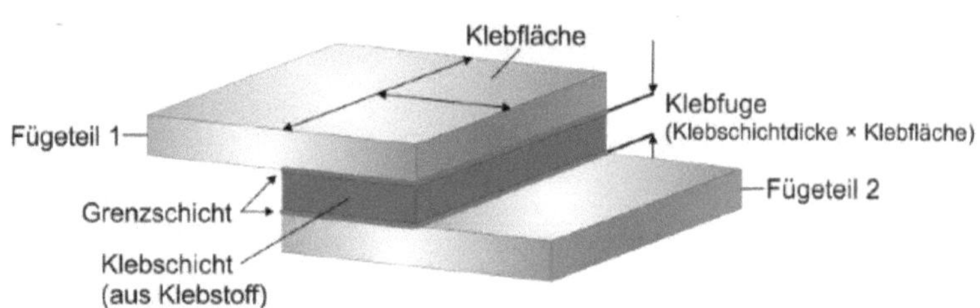

Bild 2–1 Darstellung einer Klebverbindung /Rol-13/

2.2 Aufbau der Klebstoffe

Auf Grund des chemischen Aufbaus der Klebstoffe zählen diese zu den organischen Verbindungen und sind dadurch sehr eng mit den Kunststoffen verwandt. Der Kohlenstoff nimmt eine zentrale Stellung im Klebstoffaufbau ein. Er ist in der Lage, mit sich selbst und auch mit einer Vielzahl anderer Elemente eine Verbindung einzugehen. Jedes Kohlenstoffatom besitzt vier Valenzelektronen, die es ihm erlauben, eine Bindung mit sich selbst oder mit anderen Elementen einzugehen. Die Anzahl der frei verfügbaren Valenzelektronen und damit die Bindungsmöglichkeit der einzelnen Elemente ist jedoch durch ihren atomaren Aufbau vorgegeben. Es existieren über 1 Million verschiedene organische Verbindungen, die sich vor allem aus den Elementen Kohlen-, Wasser-, Sauer- und Stickstoff zusammensetzen. Zu diesen organischen Verbindungen zählt auch der weitaus größte Teil der Klebstoffsysteme, die heute in einer Vielzahl von Anwendungsbereichen zum Einsatz kommen. Die chemischen Reaktionen, die die ausbildende Klebschicht erzeugt, führen zu organischen Polymerverbindungen. Die daraus resultierende Molekülstruktur kann je nach Aufbau die Eigenschaften der Klebschichten weitreichend bestimmen. /Hab-12/, /Hab-08/

2.3 Klassifizierung der Klebstoffe

Wie aus der geschichtlichen Darstellung in Kapitel 1.1 hervorgeht, basierten die ersten Klebstoffe auf natürlichen Rohstoffen, und erst zu Beginn des 20. Jahrhunderts begann mit der Erfindung des Verfahrens zur Phenolharz-Härtung die Synthetisierung der Rohstoffe. Auf Grund ihrer Modifizierbarkeit basieren heute alle dominierenden Klebstoffe auf synthetischen Rohstoffen. Die Klebstoffe unterscheiden sich im Wesentlichen durch Eigenschaften wie Verarbeitung, Festigkeit oder Temperatur- und Medienbeständigkeit. Nachfolgend werden die Klebstoffe entsprechend dem Abbinde- und Aushärtungsmechanismus differenziert. Diese Aufteilung entspricht einer gebräuchlichen Vorgehensweise, da eine systematische und verbindliche Klassifizierung der Klebstoffe bis heute nicht existiert. /DVS-12/

2.3.1 Physikalisch abbindende Klebstoffe

Physikalische Abbindung beschreibt den Übergang des Klebstoffs vom niedrigviskosen in einen Feststoff. Der beschriebene Übergang wird durch die physikalischen Vorgänge wie Verdampfung, Erstarrung aus Schmelzen oder Diffusionsvorgänge, ohne dabei die polymeren Komponenten im chemischen Sinne zu modifizieren, erreicht. /Bro-05/

2.3.1.1 Kontaktklebstoffe

Bei den Kontaktklebstoffen handelt es sich um eine Lösung, die sich im Allgemeinen aus Elastomeren, Harzen und organischen Lösemitteln zusammensetzt. Dabei bilden die Elastomere, die sowohl aus natürlichen als auch synthetischen Rohstoffen bestehen, den Grundstoff der Kontaktkleber. Das Lösemittel versetzt die polymeren Komponenten in einen niedrigviskosen Zustand, wodurch diese eine optimale Verbindung mit der Werkstoffoberflächenstruktur eingehen können. Der Klebstoff wird im Rahmen des Verarbeitungsprozesses beidseitig auf die zu fügenden Werkstoffoberflächen aufgetragen. Das eigentliche Fügen der Bauteile erfolgt nicht wie bei den klassischen lösungsmittel- oder dispersionshaltigen Klebstoffen sofort nach dem Aufbringen des Klebstoffes, sondern generell erst dann, wenn sich das enthaltene Lösungsmittel im Klebstoff größtenteils verflüchtigt hat. Wobei auch das einseitige Auftragen des Klebstoffes bei lösemitteldurchlässigen Werkstoffen durchgeführt werden kann. Nachdem der Klebstoff auf beiden Oberflächen einen trockenen Klebstofffilm entwickelt hat, werden diese Oberflächen unter möglichst hohem Anpressdruck eine gewisse Zeitspanne aneinandergepresst. Durch diesen Vorgang erhalten die Polymere die Möglichkeit, ineinander zu diffundieren und zu verschlaufen. Eine anschließende Korrektur der Verbindung ist nicht mehr möglich. Die daraus resultierende sofortige Anfangsfestigkeit ist eine wesentliche Eigenschaft dieser Klebstoffe. Einen entscheidenden Einfluss auf die Festigkeit nimmt dabei nicht die Anpressdauer, sondern viel entscheidender ist der Anpressdruck. Die so erhaltene Anfangsfestigkeit erlaubt eine sofortige Belastung bzw. Bearbeitung der verklebten Teile direkt nach dem Fügen. Der klassische Kontaktklebstoff beinhaltet bis zu 80 Prozent Lösungsmittel. Heute werde diese durch die umweltfreundlichen Dispersionsklebstoffe, welche in Wasser gelöst werden, zunehmend ersetzt.

/Onu-08/, /DVS-12/

2.3.1.2 Dispersionsklebstoffe

Die Bindemittel dieser Klebstoffe verteilen sich als feste Partikel im Wasser. Auf Grund dieser Verteilung liegt eine wässrige Dispersion vor. Nicht immer kommen die Dispersionsklebstoffe komplett ohne Lösungsmittel aus, so liegt der Lösungsmittelanteil bei diesen Klebstoffen zwischen 0 und 10 Prozent. Die verschiedensten Kunst- und Naturharzkomponenten werden als Bindemittel eingesetzt und entsprechen somit im Wesentlichen denselben Bindemitteln, wie sie bei den lösungsmittelhaltigen Klebstoffen angewendet werden. Bei dem Klebprozess wird der Klebstoff einseitig auf die zu verklebenden Oberflächen aufgetragen und anschließend gefügt. Nun beginnt die wässrige Dispersion zu verdunsten und abzuwandern, dabei bildet sich ein Klebfilm, der die beiden Oberflächen verbindet.
Die Vorteile dieser Klebsysteme liegen vor allem in der Verwendungsmöglichkeit von Wasser als billiges, nicht brennbares und nicht toxisches Lösungsmittel. Bei den Dispersionsklebstoffen existiert auch eine Kontaktklebstoffvariante. Im Vergleich zu den klassischen lösungsmittelbasierenden Kontaktklebstoffen besitzt die wasserbasierende Alternative eine geringe Anfangshärte sowie eine deutlich längere Trocknungszeit der Klebstoffschicht. Die Dispersionsklebstoffe werden hauptsächlich beim Kleben von großflächigen Verbundsystemen und insbesondere bei flexiblen Fügeteilwerkstoffen eingesetzt. Sie werden beispielhaft im Bereich der Folienherstellung zum Mehrschichtenaufbau aus Aluminium- und Kunststofffolien mit oder ohne Papierlagen angewendet. Im Rahmen dieser Anwendung wird das Flexibilitätsverhalten der Klebverbindung an das der Fügeteile angepasst.

/Hab-08/

2.3.1.3 Schmelzklebstoffe

Schmelzklebstoffe, auch als Hotmelts bezeichnet, nehmen bei Raumtemperatur eine feste einkomponentige Form ein, werden unter Einwirkung von Wärme auf einen niedrigviskosen Zustand gebracht und anschließend verarbeitet. Im Einzelnen wird die heiße Klebstoffschmelze auf die zu verklebende Oberfläche aufgetragen und sofort innerhalb der Verarbeitungszeit gefügt. Mit der Abkühlung der Klebstoffschmelze und der damit einhergehenden Erstarrung des Klebstoffs nimmt die Verbindung eine Festigkeit an und ist damit funktionsfähig. Mit diesem Klebsystem lassen sich in den Produktionsprozessen sehr schnelle Taktzeiten realisieren und auch eine unmittelbare Weiterverarbeitung des Werkstoffverbundes. Die Verarbeitung dieser Klebstoffe ist nur mit Hilfe von speziellen Geräten möglich. In der Praxis existieren hierfür unterschiedliche Lösungen. Vorzugsweise werden Ethylen-Vinylacetat-Copolymerisate (EVA) oder Polyamid (PA) als Bindemittel verwendet. Mit diesem Klebsystem werden vor allem massive Kunststoffe verklebt. Die geringe Wärmeleitfähigkeit hat eine geringe Kühlgeschwindigkeit zur Folge.

Neben den hier vorgestellten physikalisch abbindenden Schmelzklebstoffen, die auf Thermoplasten gründen, existieren auch solche, die über eine chemische Nachvernetzung Duroplaste ausbilden. /Hab-08/, /DVS-12/

2.3.1.4 Diffusionsklebstoffe

Hierbei handelt es sich um einen lösungsmittelbasierten Klebstoff bzw. Klebstofflösung. Die Lösung wird dazu verwendet, um dieselben oder artgleiche Polymere, die auch in der Lösung enthalten sind, zu verkleben. Dabei wird die Klebstofflösung beidseitig auf die zu verklebenden Oberflächen aufgetragen und innerhalb der Verarbeitungszeit gefügt. Durch das Lösungsmittel wird ein Quell- und Löseprozess an den Oberflächen der Fügeteile ausgelöst. Dieser Prozess führt zu einer erhöhten Bewegung der Polymermoleküle, sodass diese ineinander diffundieren und damit nach dem Entweichen des Lösungsmittels eine arteigene Klebschicht ausbilden. Dieses Klebsystem nutzt die Eigenschaft von Kunststoffen, sich in organischen Flüssigkeiten vollständig aufzulösen, zum Kleben aus. Auf Grund der Arbeitsplatz- und Umweltbelastung, die aus solchen lösungsmittelbasierenden Systemen hervorgeht, werden diese immer seltener eingesetzt. Unabhängig von dieser Entwicklung werden sie immer noch zum Verkleben von Polyvinylchlorid (PVC)-Rohren, -Platten, aber auch Polymethylmethacrylat (PMMA)-Bauteilen oder -Platten verwendet. /DVS-12/, /Ehr-04/

2.3.2 Chemisch reagierende Klebstoffe

Die Klasse der chemisch reagierenden Klebstoffe besteht in ihrer Ausgangsform aus niedermolekularen Komponenten, diese wiederum beinhalten chemisch reaktive Gruppen. Diese Gruppen können unter bestimmten Bedingungen miteinander reagieren. Tritt die Bedingung ein, so resultiert aus der Reaktion ein polymerer Stoff mit hoher Molekularmasse und erhöhter mechanischer Widerstandsfestigkeit. /Ro-05/

2.3.2.1 Polymerisationsklebstoffe

Polymerisationsklebstoffe besitzen im Ausgangsmonomer eine oder mehrere Kohlenstoff-Kohlenstoff-Doppelbindungen im Molekül. Durch die Polymerisation richten sich diese Doppelbindungen auf und ermöglichen somit eine Aneinanderreihung der Moleküle zu einem Polymer mit thermoplastischen Eigenschaften. Dieser Prozess wird durch geeignete Katalysatoren, Radikale oder durch die ultravioletten Strahlen in Gang gesetzt und endet mit der Aushärtung der Klebschicht. Diese Klebstoffe eignen sich insbesondere für das Verkleben von Thermoplasten, die ein Anlöseverhalten unter Anwendung von Lösungsmitteln aufzeigen. Kurze Aushärtungszeiten und hohe Festigkeit kennzeichnen diese Klebstoffverbindung.
Im Hinblick auf die Reaktionsart wird zwischen Ein- und Zweikomponenten-Polymerisationsklebstoffen differenziert. Bei den Einkomponenten-Systemen liegen die Monomere in einer stabilisierten Form vor. Die Polymerisation wird erst während des Klebstoffauftrags ausgelöst. Dabei können Spuren von Feuchtigkeit oder Metallionen bei gleichzeitigem Ausschluss von Sauerstoff den Polymerisationsprozess in Gang setzen. Zu den feuchtigkeitshärtenden Klebstoffen zählt das Cyanacrylat, auch unter dem Namen Sekundenkleber bekannt. Unter Sauerstoffausschluss und in Verbindung mit Metallionen reagieren die sogenannten

anaeroben Klebstoffe. Allerdings werden diese Klebstoffe bevorzugt für Metallverbindungen angewendet, wobei durch die Anreicherung der geeigneten Aktivatoren hiermit auch Kunststoffe geklebt werden können.
Bei dem Zweikomponenten-System wird der Härteprozess durch die gleichzeitige Zugabe von Radikalen erreicht. Hierbei wird auf die Oberfläche der Fügeteile ein aus zwei Komponenten bestehender Klebstoff aufgetragen, wobei die Komponenten kurz vor dem Auftragen vermischt werden. Der Methacrylatklebstoff zählt zu solch einem Klebsystem. /Hab-08/

2.3.2.2 Polyadditionsklebstoffe

Durch die Addition von zwei verschieden aufgebauten Komponenten resultiert aus der Reaktion dieser Komponenten eine Klebschicht. Die Reaktion setzt nur ein, wenn die Komponenten in einem reaktionsfähigen Zustand aufeinandertreffen. Innerhalb der Reaktion lagern sich die verschiedenen reaktiven monomeren Moleküle bei zeitgleicher Wanderung eines H-Atomes von der einen Komponente zu der anderen. Die Vorteile solcher Klebsysteme liegen in der geringen Volumenänderung, zudem erreichen sie im Vergleich zu den Polymerisationsklebstoffen eine verbesserte Reaktionsgeschwindigkeit. Die wichtigste Basis der Polyadditionsklebstoffe bilden die Epoxidharze und das Polyurethan. Hierbei existieren ebenfalls Ein- und Zweikomponenten-Systeme. Die Einkomponenten-Systeme können schon innerhalb der Raumtemperatur aushärten, wohingegen die Zweikomponenten-Systeme eine erhöhte Temperatureinwirkung zum Aushärten benötigen. /Hab-08/

2.3.2.3 Polykondensationsklebstoffe

Der wesentliche Unterschied zu den Polymerisations- und Polyadditionsklebstoffen resultiert aus der Reaktion von zwei Monomermolekülen zu einem Polymermolekül unter Abspaltung einer niedermolekularen Verbindung wie beispielhaft Wasserstoff. Nach dem Reaktionsprozess, auch Kondensation genannt, bleibt eine polymere Klebschicht übrig. Diese beinhaltet auch die Nebenprodukte, die aus dem Reaktionsprozess hervorgehen. Der Aushärtungsprozess erfolgt unter Druck und Zeit. Beim Kleben von wasserundurchlässigen Werkstoffen muss mit hohen Temperaturen und Drücken gearbeitet werden, um eine Volumenvergrößerung der Klebstelle durch Blasenbildung auszuschließen. Aus diesem Grund besitzen die Polykondensationsklebstoffe beim Verkleben von Thermoplasten keine Relevanz. Es sind demnach entsprechende Maßnahmen bei der Verarbeitung dieser Klebstoffe erforderlich. Zu den wichtigsten Rohstoffen der Polykondensationsklebstoffe zählen die Formaldehydkondensate, Polyamide, Polyester und Silicone. Der Begriff Polykondensationsklebstoff bezieht sich sowohl auf die entsprechende Reaktion innerhalb der Klebstoffherstellung als auch auf die Klebstoffverarbeitung. So tritt beispielsweise eine Polykondensation bei den Formaldehydkondensaten innerhalb der Klebfuge auf, wohingegen auf der anderen Seite die physikalisch abbindenden Schmelzklebstoffe auf Polyamid- oder Polyesterbasis über eine Kondensationsreaktion erzeugt werden. /Hab-08/, /DVS-12/

2.4 Vorteile und Nachteile des Klebens

Das Fügeverfahren Kleben besitzt gegenüber anderen Fügeverfahren bemerkenswerte Vorteile, die für die Anwendung der Klebsysteme sprechen. Nichtsdestotrotz müssen auch die Nachteile, die ein solches Verfahren mit sich bringt, beachtet werden. Nachfolgend werden die wichtigsten Vor- und Nachteile dieser Verbindung in Form einer tabellarischen Darstellung wiedergegeben.

Vorteile	Nachteile
- Verbindung unterschiedlicher Werkstoffe und dünner, großflächiger Bauteilverbindungen - keine Verletzung der Fügeteile notwendig - Möglichkeit des Ausgleichs von Passungstoleranzen - keine bzw. geringe thermische Beeinflussung der Fügeteilwerkstoffe - gleichmäßige Spannungsverteilung in der Fügefläche - Herstellung flüssigkeits- und gasdichter Verbindungen - schwingungsdämpfende und isolierende Eigenschaft der Klebeschicht	- grundsätzlich Überlappung und häufig Vorbehandlung der Fügeoberfläche sowie genaue Einhaltung der Prozessparameter notwendig - lange Aushärtezeiten bei duroplastischen Klebstoffen - geringe Festigkeit der Klebverbindung (u. U. große Anschlussquerschnitte) - zeitabhängige Eigenschaftsänderung der Klebschicht (Alterung, Empfindlichkeit gg. atmosphärischer u. chemischer Einwirkung) - geringe thermische Beständigkeit (max. ca. 250 °C) - zerstörungsfreie Prüfverfahren nur begrenzt möglich

Tabelle 3–1 Vor- und Nachteile des Klebens /Ehr-04/, /Hab-95/

2.5 Wirkung der Adhäsion und Kohäsion in einer Klebverbindung

Adhäsion (lat. adhaerere = anhaften) beschreibt ein allgegenwärtiges Phänomen des Haftens gleich- oder verschiedenartiger Stoffe aneinander. Dieses Phänomen lässt sich bei beschlagenen Fensterscheiben sowie beim Hinterlassen von Fingerabdrücken auf Oberflächen beobachten. Die Ursache der Haftung und somit der Adhäsion beruht auf der Wechselwirkung von Oberflächenkräften. Zunächst treten nach der Berührung der Oberflächen der Fügeteile Abstoßungskräfte auf, die der weiteren Anziehung entgegenwirken, und im nächsten Schritt resultiert aus den beiden wirkenden Kräften ein Gleichgewicht. Die Adhäsion beinhaltet damit die Summe mechanischer, physikalischer und chemischer Kräfte, die generell zwischen zwei Oberflächen wirken und die nicht unabhängig voneinander sind. Die mechanischen Kräfte resultieren dabei aus der Verklammerung oder Verankerung eines Klebstoffs in den Unebenheiten und/oder Poren der Fügeteiloberfläche. Entscheidenden Einfluss nimmt diese Kraft bei stark porösen Materialien wie Papier oder Kunststoffschäumen ein. Damit ein Klebstoff eine befriedigende Adhäsion zu dem zu verklebenden Fügebauteil aufbauen kann, ist es notwendig, dass die Klebstoffe dicht genug und flächig an die Oberfläche des Fügeteils gelangen. Denn die Kräfte, die zu der Adhäsion führen, weisen eine beschränkte Reichweite von weniger als einem Nanometer auf. In der Abbildung 2-2 werden alle bekannten Kräfte mit den dazugehörigen Reichweiten, Bindungsenergien und theoretisch wirkenden Adhäsionskräften dargestellt. Dabei beschreibt die Adhäsionskraft die benötigte mechanische Kraft, um aneinander haftende Körper voneinander zu trennen.

In molekularen Dimensionen weisen zudem die Oberflächen der Fügeteile eine gröbere Oberflächenstruktur (Bild 2-3) auf, die beim Zusammenfügen dadurch nur an wenigen Kontaktpunkten eine Adhäsion ausbilden können. Mit Hilfe des

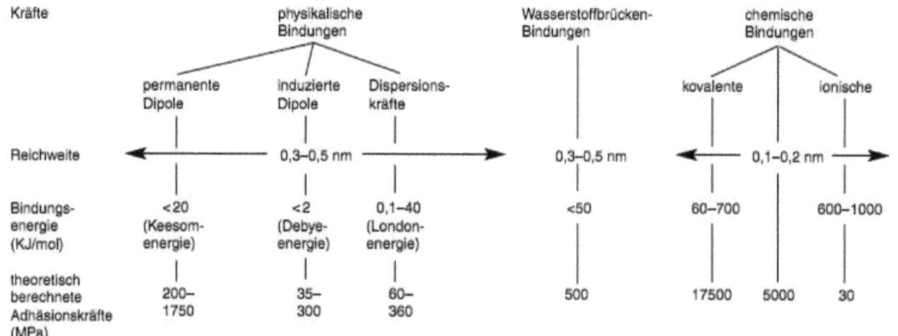

Bild 2–2 Adhäsionskräfte in Grenzflächenschichten /Bro-05/

Anpressdrucks kann in mancher Hinsicht eine hinreichend große Adhäsion geschaffen werden, vorausgesetzt, die Oberflächenatome/-moleküle verfügen über eine gewisse Beweglichkeit oder ihre Struktur ist so fein, dass sie sich den Fügeteilen anpassen können. Das Letztgenannte wird in der Praxis durch gute Benetzung durch die Flüssigkeiten erreicht, deshalb werden die meisten Klebstoffe im fließfähigen Zustand eingesetzt. Die Benetzung umschreibt ein Phänomen, das sich durch das Auftragen eines Flüssigkeitstropfens auf eine Festkörperoberfläche beobachten lässt. Dabei bildet der aufgetragene Tropfen zwischen Tropfenoberfläche und der Festkörperoberfläche einen Randwinkel aus. Dieser

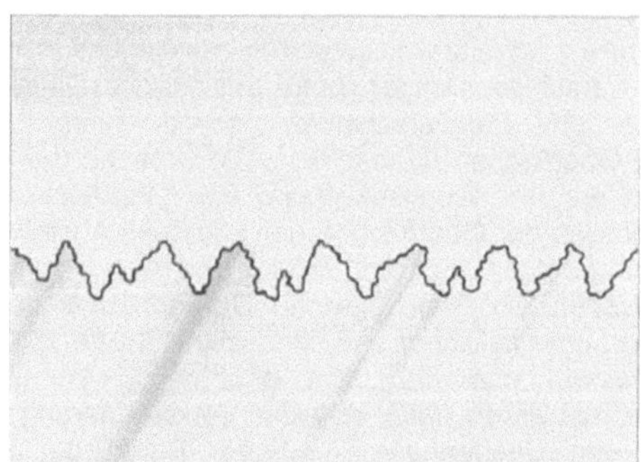

Bild 2–3 Oberflächenstruktur in molekularen Dimensionen /Onu-08/

Randwinkel kann in theoretischer Hinsicht zwischen 0° (vollständige Spreitung) und 180° (vollständige Nichtbenetzung) liegen (Bild 2-4). Bestimmt wird dieser Randwinkel des Tropfens durch die Oberflächenspannung des Festkörpers zur Umgebung, der Flüssigkeit zur Umgebung und der Oberflächenspannung zwischen Flüssigkeit und Festkörper. Demnach ist es wichtig, dass die Oberflächenspannung der zu verklebenden Fügeteile höher ist als die Oberflächenenergie des Klebstoffes, sodass eine optimale Benetzung der Oberfläche erfolgen kann. Die Oberflächenspannung ist hierbei die an einer flüssigen oder festen Oberfläche wirkende Spannung. Diese Spannung strebt eine Verkleinerung der Oberfläche an, um dadurch die energetisch günstigste Form der Oberfläche in Abhängigkeit von einem gegebenen Volumen einzunehmen. Die Kugel als eine Form stellt dabei den energetisch günstigsten Zustand dar. Die Oberflächenspannung tritt am auffälligsten bei den Flüssigkeiten auf, da diese eine reversibel elastische Verformung der

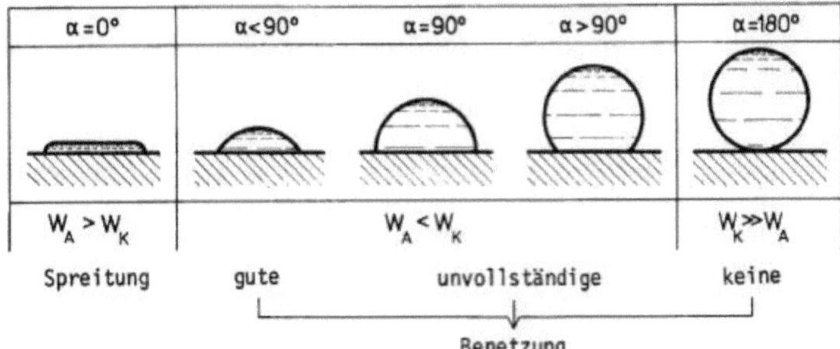

Bild 2–4: Benetzungsverhalten anhand des Randwinkels /Hab-08/

Grenzfläche aufweisen. Für eine optimale Klebschicht ist neben der Adhäsion auch die Kohäsion eine entscheidende Erscheinung. Der Begriff Kohäsion (lat. cohaerere = zusammenhängen) beschreibt die Wirkung von Anziehungskräften zwischen Atomen bzw. Molekülen innerhalb eines Stoffes. Klebtechnisch betrachtet basiert die Adhäsion auf den Bindungskräften, die zwischen der Fügeteiloberfläche und der Klebschicht wirken. Hingegen resultiert die Kohäsion aus den Bindungskräften innerhalb der Klebschicht. Die Kohäsionsfestigkeit einer Klebschicht nimmt bei dem Übergang des flüssigen Klebstoffs in das erstarrte Polymer zu. Demnach sorgt die Kohäsion für den inneren Zusammenhalt eines Stoffs und fällt umso größer aus, je formbeständiger ein Stoff ist. Die Art der Bindungskräfte, die für die Kohäsionsfestigkeit eines Stoffes verantwortlich sind, ähnelt der Adhäsion. Hier zählen zu den wesentlichen und bedeutenden Bildungen die kovalente, metallische und/oder ionische. Die Kohäsionsfestigkeit hängt von dem Werkstoff und der

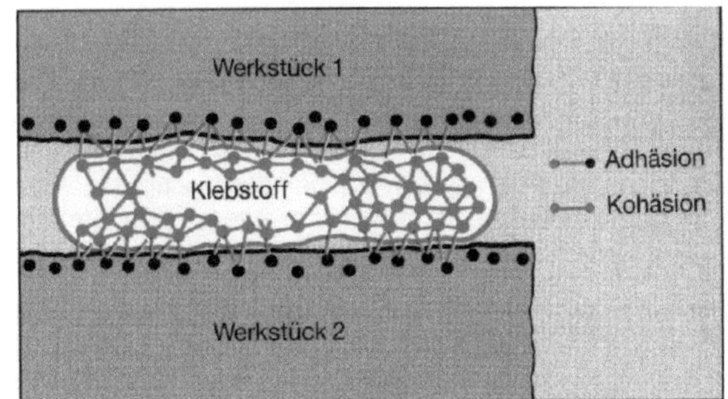

Bild 2–5 Wirkungsweise von Adhäsion und Kohäsion /Loc-91/

Temperatur ab. So ist diese bei Metallen wesentlich größer als bei Flüssigkeiten. Zugfestigkeit und Dehnungsvermögen eines Werkstoffes erlauben eine quantitative

Aussage über die Kohäsionsfestigkeit. Insbesondere bei Klebschichten ist sie für das Kriechen bzw. Fließen unter mechanischer Belastung eine signifikante Eigenschaft. Daher nimmt das Verhältnis von Kohäsion der Klebschicht zu der Adhäsion der Grenzschicht eine besonders essentielle Stellung bei der Festigkeit einer Klebung ein (Bild 2-5). Denn die Klebschicht mit einer großen Kohäsion kann die gesamte Festigkeit einer Klebung nur dann wirksam entfalten, wenn sich ebenfalls eine ausreichende Adhäsion an der Fügeteiloberfläche ausbildet. Im analogen Fall gilt das Gleiche. Folglich ist damit das Ziel bei der Herstellung einer Klebverbindung, grundsätzlich eine möglichst große Ausgewogenheit zwischen den Adhäsions- und Kohäsionskräften der beteiligten Moleküle sicherzustellen. Denn nur aus einem optimalen Verhältnis aus Adhäsion und Kohäsion ist die Klebung zum Übertragen einwirkender Kräfte in der Lage. Die Wirkung der Adhäsion lässt sich unter Umständen über ein gezieltes Oberflächenvorbehandlungsverfahren und/oder Primer erzielen. Da die Kohäsionsfestigkeit wesentlich aus dem Übergang der flüssigen Klebschicht in ein Polymer resultiert, hängt diese von dem mit dem Abbindungsprozess einhergehenden Ausbau des makromolekularen Strukturgefüges ab. Nur bei optimalem und störungsfreiem Abbinden kann die theoretisch mögliche Kohäsion erreicht werden. So können sich beim Prozess Fehlstellen ausbilden, welche das Festigkeitsniveau reduzieren und Schwachpunkte für Klebschichtbrüche bei Belastung bilden. Fehlstellen können sich durch eine ungleichmäßige Vernetzung, eingeschlossene Lösungsmittelreste, nicht an der Reaktion beteiligte Monomere oder durch unterschiedliche Moleküllängen ausbilden. Letztendlich führen diese Fehlstellen zu den charakteristischen Bruchbildern, diese werden im Bild 2-6 skizziert. Ein Adhäsionsbruch ist im strengen Sinne nur dann gegeben, wenn der Bruch exakt entlang der Werkstoffoberfläche eintritt, dabei verbleibt der Klebstoff fast

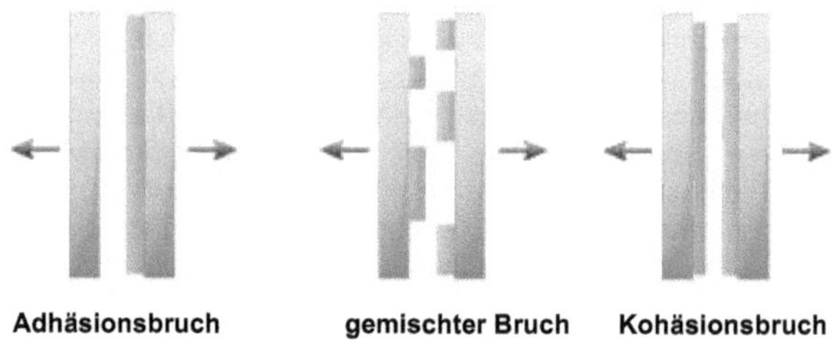

Bild 2–6 Brucharten einer Klebverbindung /Rie-13/

vollständig auf der einen Seite der Fügebauteiloberfläche. Diese Art der Adhäsionsbrüche tritt höchst selten auf und kennzeichnet eine fehlende Adhäsion, die auf eine unzureichende Oberflächenvorbehandlung schließen lässt. Aber auch geänderte Oberflächeneigenschaften der Fügebauteile oder Veränderungen im Fügeprozess selbst können dazu führen. Die unzureichende Klebstoffwahl kann ebenfalls die Ursache hierfür sein. Ein Kohäsionsbruch kann entweder in der Klebstoffschicht oder im eigentlichen Werkstoff auftreten. Die Tiefe des Bruches ist dabei charakteristisch. Bei diesem Bruch haftet durchgehend die halbe Klebschicht auf einer der Werkstoffoberflächen. Dieser Bruch in der Klebstoffschicht weist auf eine zu geringe Klebfläche hin, aber auch, wie schon vermerkt, auf Störungen während des Abbindeprozesses. Bei einem Mischbruch treten Adhäsions- und Kohäsionsbrüche verteilt nebeneinander auf. Somit existieren auf dem Bruchbild auf der Werkstoffoberfläche Bereiche mit und ohne Klebstoffschichten. Zur genauen

Beschreibung des Mischbruchs gehören daher Angaben, welche Brucharten in vielfacher Form auftreten. Mischbrüche werden mit sehr hoher Wahrscheinlichkeit durch unvollständige oder ungleichmäßige Oberflächenvorbehandlungen verursacht.

3 Das Kleben von Kunststoffen

3.1 Klebeigenschaften von Kunststoffen

Für einige Kunststoffgruppen stellt oft das Kleben das allein anwendbare stoffschlüssige Fügeverfahren dar und wird deshalb in der Kunststoffverarbeitung mehrfach angewandt, denn die Schweißbarkeit der Kunststoffe beschränkt sich auf Thermoplaste. Demnach bleibt für die Duromere, hochwarmfeste Thermoplaste und faserverstärkte Werkstoffe neben den mechanischen Fügeverfahren nur die Möglichkeit des vorteilhaften Klebens. Hierbei geht es nicht nur um das Verkleben von Kunststoffen untereinander, hierzu zählt auch die Vielfalt von Verbundsystemen, bestehend aus Kunststoffen und anderen Werkstoffen wie beispielhaft Metallen.

Wie bei allen zu verklebenden Werkstoffen müssen auch bei Kunststoffen zwei Voraussetzungen erfüllt sein, damit sich eine erfolgreiche Klebverbindung ausbilden kann. Der Klebstoff muss die Kunststoffoberfläche ausreichend benetzen und über eine ausreichende chemische oder physikalische Wechselwirkung in der Adhäsions- und Kohäsionszone verfügen. Ist das nicht der Fall, lässt sich der betreffende Kunststoff schwierig verkleben oder ist erst nach einer Oberflächenvorbehandlung klebbar. In den nachfolgenden Abschnitten werden einige wichtige Eigenschaften der Kunststoffe aufgezeigt, die für deren erfolgreiches Verkleben wichtig sind.

Kunststoffe weisen im Vergleich zu den Metallen einen deutlich anderen strukturellen Aufbau auf. Aus diesem Aufbau resultieren die für diese Werkstoffe typischen mechanischen, physikalischen und chemischen Eigenschaften. Um eine möglichst optimale Klebverbindung zu schaffen, müssen beim Kleben von Kunststoffen daher die werkstoffspezifischen Eigenschaften berücksichtig werden.

Bei dem Herstellprozess von Kunststoffbauteilen werden meist Trenn- und Gleitmittel zum besseren Entformen auf die Werkzeuge aufgetragen. Diese führen bei einer anschließenden Verklebung der Bauteile zu einem negativen Einfluss auf die Adhäsionskräfte und vermindern damit die Festigkeit der Klebung. Auch die reinen Herstellverfahren wie beispielhaft Ziehen, Pressen und Spritzen können die Bindungsmöglichkeit der Materialien durch die Prozessparameter wie Druck, Temperatur und Zeit beeinflussen. Daher müssen ebenfalls die verfahrensspezifischen Faktoren bei der Klebung von Kunststoffen in einer ausreichenden Form berücksichtigt werden.

Ebenso müssen vor der Konstruktionsgestaltung im Rahmen der Kunststoffauswahl die Verklebbarkeit sowie die Verarbeitungsschritte des jeweiligen Kunststoffes gebührend berücksichtigt werden.

Die Festigkeit der Kunststoffe ist in allgemeiner Hinsicht um eine Zehnerpotenz geringer als bei den metallischen Werkstoffen. Sie liegt, abgesehen von faserverstärkten Materialien, im Bereich der Klebstofffestigkeit, da eine chemische Verwandtschaft zwischen dem Kunststoff und den Klebstoffen bzw. der Klebschicht besteht.

Auf Grund der geschilderten Verwandtschaft entspricht die Bruchdehnung der Kunststoffe der des Klebstoffes und liegt in einem deutlich höheren Bereich als bei den Metallen. Zudem muss die Temperatur- und Zeitabhängigkeit der Dehnung und Festigkeit berücksichtigt werden. Das Benetzungsverhalten der Kunststoffe ist von der Oberflächenenergie/-spannung abhängig, diese liegen deutlich niedriger als bei Metallen, aber in der gleichen Größenordnung wie bei den Klebstoffen (Bild 3-1).

Ein möglichst geringer Benetzungswinkel ist dann gegeben, wenn die Oberflächenenergie des Fügeteils gegenüber der des Klebstoffes sehr groß ist. Wegen dem ähnlichen Aufbau der Kunststoffe und Klebstoffe muss generell von einem geringen Benetzungsverhalten der Kunststoffoberflächen ausgegangen werden. Die Polarität der Molekülstrukturen hat Einfluss auf die Haftungskräfte.

Hierbei wird zwischen polaren und unpolaren Typen unterschieden. Die polaren Typen sind gekennzeichnet durch regelmäßig verteilte Dipole in der Molekülkette.

Klebstoff	Oberflächenenergie [mN/m]
sauer kondens. Phenolharz	78
Harnstoff-Formaldehydharz	71
Casein-Klebstoff	47
Epoxid-Klebstoff	47–30
PVA-Dispersion	38
Nitrocellulose	26
Terotop L40	38,4
Kunststoff	**Oberflächenenergie [mN/m]**
Polytetrafluorethylen	18
Polyethylen	31
Polystyrol	33
Polyvinylchlorid	40
Polyvinylidenchlorid	40
Polyester	43
Zellglas	45
Polyamid 66 [Nylon]	46
Cellulose	200
Metalle	**Oberflächenenergie [mN/m]**
Eisen	1650
Nickel	1500
Zinn	600
Aluminium	850
Chrom	1600
Kupfer	1300
Wolfram	6800

Bild 3–1 Oberflächenenergie /Pot-04/

Hingegen weisen die unpolaren Typen keine gleichmäßig verteilten Dipole auf, sondern es existieren hier nur in bestimmten Molekülkettenbereichen verteilte Dipole. Polypropylen und Polyethylen sind für ihre problematische Verklebung bekannt und besitzen eine unpolare Molekülesubstanz. Das zeigt den starken Einfluss der Polaritätseigenschaften auf die Verklebbarkeit von Kunststoffen. Bei den unpolaren Polymeren lässt sich nur eine gezielte Festigkeit nach der Modifizierung der Oberflächenpolarität durch eine geeignete Oberflächenvorbehandlung erreichen und damit verkleben. Bei der Löslichkeit von Kunststoffen lässt sich festhalten, dass sich die vernetzten Duromere so gut wie gar nicht lösen lassen im Vergleich zu den Thermoplasten. Jedoch hängt bei den Thermoplasten ihre Löslichkeit von ihrer eigenen Polarität ab. So lassen sich beispielhaft Polyvinylchlorid und Polymethylmethacrylat in den meisten Lösungsmitteln gut lösen, Polyethylen und Polypropylen dagegen gar nicht oder nur sehr schwer. Speziell für Thermoplaste gilt, dass diese, wenn sie völlig unpolar und unlöslich sind, ohne Vorbehandlung nicht und mit einer Vorbehandlung nur relativ schwer klebbar sind. Ist der Kunststoff völlig oder weitgehend unpolar, aber partiell löslich, ist er nach einer spezifischen Vorbehandlung bedingt klebbar. Gut klebbar sind Thermoplaste mit unpolarer, aber löslicher Eigenschaft. Diese gilt auch für polare und ebenfalls lösliche Kunststoffe.

Die spezifische Polarität sowie das Lösungsvermögen nehmen Einfluss auf die Klebbarkeit der einzelnen Kunststoffarten, mit ihnen damit wird die Ausbildung von Haftungskräften einer Klebschicht bestimmt (Bild 3-2).

/Pot-04/, /Hab-08/, /Ehr-04/

Kunststoff	Polarität	Löslichkeit	Klebbarkeit (ohne Oberflächenbehandlg.)
Polyethylen	unpolar	schwer löslich	nicht gegeben
Polypropylen	unpolar	schwer löslich	nicht gegeben
Polytetrafluor-ethylen	unpolar	unlöslich	nicht gegeben
Polystyrol	unpolar	löslich	gut
Polyisobutylen	unpolar	löslich	gut
Polyvinylchlorid	polar	löslich	gut
Polymethyl-methacrylat	polar	löslich	gut
Polyamide	polar	schwer löslich	bedingt
Polyterephthal-säureester	polar	unlöslich	bedingt

Bild 3–2 Polarität und Löslichkeit von Kunststoffen /Hab-08/

3.2 Verfahrenstechnischer Ablauf eines Klebprozesses

Der gesamte Klebprozess lässt sich in fünf Abschnitte unterteilen. Nachfolgend werden diese in einzelnen Subkapiteln behandelt. Jedoch wird bewusst auf detaillierte und ausführliche Darstellungen verzichtet, um die Rahmenbedingen der vorliegenden Arbeit nicht zu überschreiten. /Pot-04/, /Hab-08/

3.2.1 Vorbehandlung der Fügeteile

Die Forderung an die Beschaffenheit der Oberfläche ist in Anbetracht der wirkenden Mechanismen bei der Verklebung der Fügeteile von enormer Wichtigkeit, stellt sie doch eine Voraussetzung für eine qualitative und beständige Klebverbindung dar. Doch diese Oberflächen, welche der normalen Atmosphäre schutzlos ausgesetzt sind, weisen durch die Adsorption verursachte Verunreinigungen auf. Um ein optimales Klebergebnis zu erreichen, ist es notwendig, diese vor dem Klebauftrag zu beseitigen. Zudem wird durch ein spezielles Verfahren bei unzureichender Benetzung die Oberfläche modifiziert oder durch einen Haftvermittler realisiert. Grundsätzlich sollte nach jeder Oberflächenvorbehandlung die Durchführung der Klebung entweder direkt erfolgen oder in einem möglichst kurzen Zeitintervall, da sich sonst wieder Verunreinigungen einschleichen können. In Bild 3-4 wird die Wichtigkeit der Oberflächenvorbehandlung unterstrichen. Es zeigt doppelt überlappte Probekörper aus schlagfestem Polystyrol, diese wurden durch die gegebenen Verfahren vor der Klebung behandelt. Im Anschluss wurde dann die

Druckscherfestigkeit der Verbindung gemessen. Es wird deutlich, dass durch das Beizen das beste Ergebnis erzielt wurde.

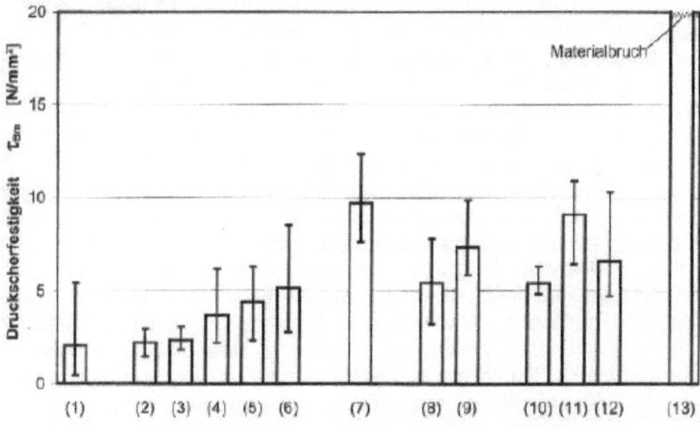

(1) keine Vorbehandlung;
(2) Anschleifen mit Schleifpapier: Körnung 400;
(3) Körnung 320,
(4) Körnung 240,
(5) Körnung 180,
(6) Körnung 80,
(7) Gasflamme,
(8) elektrische Funkenentladung ohne Vorwärmung,

(9) mit Vorwärmung auf 60 °C,
(10) Anlösen in Essigsäureäthylester, 20 °C, 1 min.,
(11) Cyclohexanon, 20 °C, 1 min.,
(12) Xylol, 20 °C, 1 min.,
(13) Beizbad, H2SO4 (g = 1,82): 1500 Gew.-T., K2Cr2O7–2H2O: 75 Gew.-T., H2O: 120 Gew.-T., 70 °C, 10 min.

Bild 3–3 Einfluss der Oberflächenvorbehandlung auf die Druckscherfestigkeit
/Pot-04/

3.2.1.1 Physikalische Oberflächenvorbehandlung

Hierzu zählen alle mechanischen Verfahren wie das Abwischen, Aufrauen, Absaugen, Schleifen sowie das Strahlen, zudem alle energetischen Verfahren wie das Beflammen, Corona-Entladungen oder eine Plasmavorbehandlung.

Oft reicht das einfache Abwischen mit entsprechenden Reinigungs- und Lösemitteln aus. Dabei werden die zu klebenden Oberflächen des Kunststoffes in allgemeinen Fällen mit organischen Lösemitteln oder alkalischen Reinigungsmitteln gereinigt. Hierbei ist im Vorfeld darauf zu achten, dass die Materialverträglichkeit des Lösungsmittels gegeben ist. Ein einfacher Test an einer wenig sichtbaren Stelle kann Auskunft geben. Die Anwendung eines Reinigungsmittels hängt von der Verschmutzung und dem Kunststoff ab. Bei den lösungsmittelbeständigen Polymeren werden Durchlaufbäder, Ultraschall- oder Dampfentfettungsanlagen je nach Produktionsfertigungsprinzip verwendet. Bei vielen Kunststoffen wie beispielhaft PS, PVC und PA ist eine Säuberung mit einem Reinigungsmittel völlig ausreichend. Das Aufrauen als Verfahren hat sich vor allem bei den Elastomeren bewährt. Zudem wird es bei vielen Kunststoffpressbauteilen verwendet, um das eingelagerte Trennmittel an der Oberfläche zu entfernen. Das erfolgt durch Schmirgeln, Bürsten oder Sandstrahlen. Liegt hier nur eine sehr schwache Partikelanhaftung vor, kann diese durch eine Vorab-Reinigung durch Absaugen oder Abbürsten die Oberfläche völlig ausreichend entfernt werden. Das Schleifen oder

Strahlen eignet sich für fest anhaftende Partikel oder Oberflächenschichten. Hierbei bietet das Sandstrahlen einige Vorteile, denn dadurch lässt sich eine gleichmäßige und intensive Rauigkeit erreichen. Nach dem Aufrauen muss der Schleifstaub entfernt werden, daher schließt sich eine Reinigung der Oberfläche mit einem entsprechenden Reinigungsmittel an. Bei unpolaren Materialien (Bild 3-2) reicht diese Art der Vorbehandlung im Allgemeinen jedoch nicht aus, um optimale Kleboberflächen zu schaffen.

Die energetischen Oberflächenverfahren bewirken durch gezieltes energetisches Einwirken auf die Oberfläche eine Modifikation der Kunststoffoberfläche. Durch eine Flamme wird die Molekülstruktur der Oberfläche chemisch und physikalisch verändert. Es erfordert, im Vergleich zu dem Corona- und Plasmaverfahren, eine geringe anlagentechnische Ausstattung, denn das Beflammen lässt sich durch eine offene, saubere Gasflamme durchführen. Durch die Vorbehandlung durch Corona-Entladungen oder Plasmastrahl werden an der Moleküloberfläche verschieden C-O-Gruppierungen geschaffen und damit eine polare Oberfläche. Anwendung finden diese Verfahren hauptsächlich bei dickwandigen Hohlkörpern für Bedruckungszwecke. Durch diese Verfahren werden die Benetzungseigenschaften der geeigneten Oberflächen deutlich erhöht.

3.2.1.2 Chemische Oberflächenvorbehandlung

Reinigen und mechanisches Aufrauen zeigen überhaupt keine Verbesserung der Klebbarkeit der Oberfläche bei schwer-oder unlöslich unpolaren Kunststoffen (Bild 3-2). Um eine Verklebbarkeit dieser Kunststoffe zu schaffen, muss zwingend die Oberfläche verändert werden. Dies lässt sich durch Methoden wie das chemische Beizen erreichen. Bei diesem nasschemischen Verfahren werden verdünnte Säuren auf die Oberfläche aufgetragen und führen zu polarisierender Wirkung. Durch Ozon oder Fluor in der Gasphase wird die Kunststoffoberfläche bearbeitet. Dieses Verfahren entspricht einem trockenchemischen Verfahren, das eine Erhöhung der Oberflächenenergie zur Folge hat.

3.2.1.3 Haftvermittler

Eine weitere Möglichkeit der Oberflächenvorbehandlung ist der Einsatz von Primern. Als Primer, auch Haftvermittler genannt, werden Beschichtungssysteme bezeichnet, die vor dem eigentlichen Klebstoffauftrag zusätzlich auf die zu verklebende Oberfläche eines Fügebauteils aufgebracht werden. Dadurch wird die Klebschicht vor unkontrollierten Veränderungen, die durch die Umwelt hervorgerufen werden können, geschützt. Primerschichten können auch die Adhäsion des später aufzubringenden Klebstoffs verbessern. Primer bestehen hauptsächlich aus stark verdünnter Polymerlösung. Diese kann die Oberflächen optimal benetzen und sogar kleinere Verunreinigungen beseitigen. Heute werden aus dem Gesichtspunkt der Umweltbelastung Systeme in Form von wässrigen Dispersionen oder sogar trockene Pulver elektrostatisch aufgebracht. Üblicherweise werden Primer als Trockenschichtdicken von wenigen Mikrometern aufgetragen. Ist die Primerschicht ausgehärtet, so können die beschichteten Oberflächen vor dem Klebstoffauftrag bis zu drei Wochen ohne Beeinträchtigung der Adhäsionsqualität gelagert werden. Die Kontamination der Oberfläche ist erfahrungsgemäß unkritisch. Fertigungstechnisch erlaubt diese Art der Primer, die Fertigungsschritte beim Kleben zeitlich zu entkoppeln. Die Primerschichten nehmen keinen Einfluss auf die Verformungseigenschaften des Gesamtverbundes, da sie dünn sind. Aus wirtschaftlicher Sicht betrachtet, könnte der Einsatz von Primern Vorteile mit sich bringen. So lassen sich beispielsweise härtende Primer auf Epoxidharzbasis auf Oberflächen auftragen, auf die später billige und gut verformbare Polyurethanklebstoffe verklebt werden können. Häufig werden in der Praxis die vielfachen Optimierungsmöglichkeiten der Primer nicht richtig erkannt. Den Nachteil des zusätzlichen Fertigungsschrittes können die Primer durch ihren möglichen Vorteil im Klebprozess bei Weitem überwiegen. /Bro-05/

3.2.2 Klebstoffvorbereitung

Viele Klebstoffe müssen vor der Verarbeitung erst gebrauchsfertig angemischt werden. Ein Verarbeitungskriterium ist dabei die Topfzeit bei Raumtemperatur. Beim Mischen muss darauf geachtet werden, dass sich die Anteile im fertigen Klebstoffansatz gleichmäßig und homogen verteilen. Bei niedrigviskosen Klebstoffen entscheiden die Parameter Drehzahl und Mischzeit der Mischvorrichtung über die Mischgüte. Hochviskose Klebstoffe werden durch Falten und Dehnen der beinhalteten Komponenten zu Schichten ausgestrichen (Bild 3-5). In Klebstoffsystemen, die sich aus unterschiedlichen Oberflächenenergien, Viskositäten

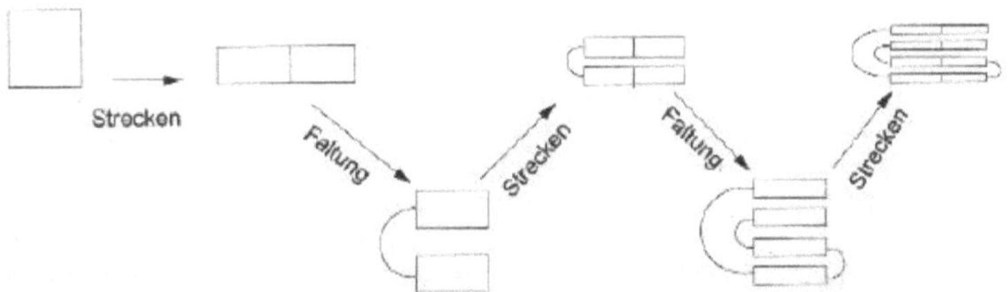

Bild 3–4 Klebstoff mischen durch Dehnen und Falten

sowie Dichten zusammensetzen, lassen sich zwei Mischmechanismen beobachten (Bild 3-6). Im ersten Fall zerbrechen die Tropfen durch den Einfluss der aufgetragenen Spannung. Dieser Prozess wird durch die Kapillarzahl und das Viskositätsverhältnis bestimmt. Hingegen werden die Tropfen im zweiten Fall zu Fäden gezogen, die anschließend in viele kleine Tropfen zerfallen. Zweitgenanntes

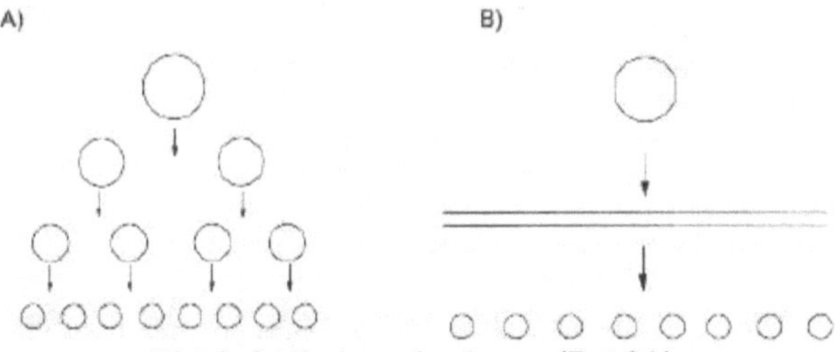

Bild 3–5 Mischmechanismus /Pot-04/

ist ebenfalls von der Kapillarzahl abhängig, zudem werden die großen Partikel durch die Matrix deformiert und in Fäden gezogen. Da diese Fäden keinen stabilen Zustand darstellen, brechen diese und zerfallen in Abhängigkeit zu der Viskosität in gleichförmige Tropfen. Bei reaktiven Klebstoffen darf die Mischzeit nicht die Topfzeit überschreiten, da sonst der Abbindungsprozess einsetzt. Demnach hängt die Viskosität des Reaktionsklebstoffes von der Zeit ab. Lösungsmittelhaltige Reaktionsklebstoffe fordern eine besondere Beachtung, da das Abbinden sich nicht durch die Viskositätsänderung einstellt. Somit besteht die Gefahr, dass die Topfzeit überschritten und ein teilvernetzter Klebstoff verarbeitet wird.

Die Viskosität eines Klebstoffes lässt sich über Verdickungsmittel oder Lösemittelzusätze erreichen. Sie wird hierbei im Hinblick auf die Verarbeitbarkeit, Spaltüberbrückbarkeit und Benetzungsfähigkeit angepasst. So müssen beispielsweise Klebstoffe, die mit Spritzdüsen aufgetragen werden, niedrigviskos sein. Das verbessert den Klebstoffauftrag enorm. Hingegen lassen sich mit einem hochviskosen Klebstoff Spaltbreiten von bis zu 1 mm überdecken bzw. überbrücken.

3.2.3 Das Auftragen des Klebstoffes

Der Prozess lässt sich manuell oder vollautomatisch gestalten. In der Praxis existieren hierfür unterschiedlich Lösungen. Grundsätzlich zielen alle Verfahren darauf ab, den Klebstoff möglichst gleichmäßig auf die Fügefläche aufzutragen. Zu den Hauptmethoden des Klebstoffauftrags zählen:

- Bürsten, Spachteln, Stempeln
- Rakel- und Walzauftrag bei großflächigen Bauteilen
- Aufspritzen durch Luftzerstäubung oder Druckzerstäubung
- Tauchen des Werkstückes in ein Klebstoffbad
- Auftropfen oder Aufgießen mit einer Schmelzklebstoffpistole
- Schmelzauftrag

Die Wahl des Auftragsverfahrens richtet sich nach der Art des Klebstoffes, Auftragsmenge, Automatisierungsgrad, Auftragsgeschwindigkeit, Geometrie der Fügeoberfläche, Genauigkeit sowie Reproduzierbarkeit des Klebvorgangs.

3.2.4 Ablüften und Anlösen

Viele Klebstoffe müssen nach dem Auftragen zuerst ablüften (Kapitel 2.3.1.1/2). Dabei verflüchtigt sich das Wasser oder Lösemittel im Klebstoff, indem es an die Luft abgegeben wird. Bei thermoplastischen Fügeteilen tritt ein Anlösen ein, das für Diffusionskleben genutzt werden kann (Kapitel 2.3.1.4). Da die entstehenden Gase, vor allem bei lösemittelbasierenden Klebstoffen, explosiv, umweltbelastend und gesundheitsschädlich wirken, bedarf es stets einer Absaug- und Filteranlage. Hierbei existieren in der Praxis unterschiedliche Lösungskonzepte von der einfachen Auftragskabine bis hin zu vollautomatischen Systemen.

3.2.5 Fügen und Fixieren der Fügeteile

Nach dem Auftrag des Klebstoffes werden die Fügeteile entsprechend der festgelegten Verbindungsform zusammengelegt. Dabei muss sichergestellt sein, dass die Fügeteile sich nicht verschieben. Durch eine geeignete Fixierung wie

Zwingen, Klammern, Klemmleisten, Spannbänder oder sonstige Vorrichtungen kann dem Verschieben entgegengewirkt werden. Der Klebstoff bestimmt die Wahl der Vorrichtung, denn dieser benötigt eventuell Anpressdruck oder Wärmezufuhr.

Die geometrische Gestaltung einer Verbindung entspricht einer grundlegenden Voraussetzung, denn sie garantiert ergänzend zu den Eigenschaften des Klebstoffes, der Fügeteile sowie der Beanspruchung die Funktionsfähigkeit einer Klebverbindung. Das Bild 3-6 zeigt einige ausgewählte Gestaltungsmöglichkeiten auf. Fehler in geklebten Konstruktionen lassen sich oft auf auf das Nichtbeachten von wesentlichen Grundregeln einer klebgerechten Konstruktion zurückführen. Mit

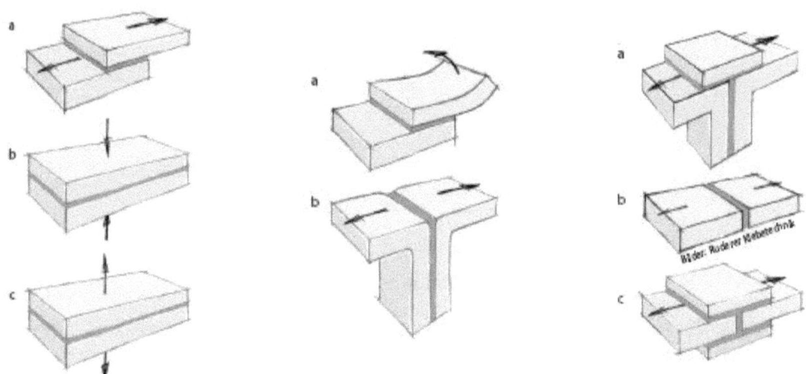

Bild 3–6 Geometrische Gestaltung einer Klebverbindung

Hilfen von Simulationen wie der Finite-Elemente-Methode lassen sich werkstoff- und beanspruchungsgerechte Dimensionierung und Gestaltung von Klebungen simulieren und Verhalten bei mechanischer Krafteinwirkung aufzeigen. Damit lassen sich beanspruchungsgerechte Klebverbindungen im Hinblick auf die Geometrie festlegen.

3.2.6 Abbinden der Klebschichten

Die Ausbildung der Klebschicht erfolgt entweder physikalisch oder chemisch (Kapitel 2.3.1/2). Der Abbindezeit ist eine Klebstoff-spezifische Größe. Jedoch existiert bei allen Klebstoffen eine gewisse Beziehung zwischen Abbindetemperatur und –zeit. Diese Relation ist ebenfalls vom Klebstofftyp abhängig. Durch diese Erkenntnis lässt sich die Abbindezeit durch eine erhöhte Temperatur in bestimmten Rahmenbedingen herauszögern. Eine gleichmäßig verteilte Temperatur innerhalb der gesamten Klebfläche ist anzustreben und damit ein langsamer kontrollierter Abkühlprozess.

3.3 Die Klebung beeinflussende Faktoren

Das Fügeverfahren Kleben gestattet es, nicht nur gleichartige, sondern auch verschiedenartige Kunststoffe untereinander und im Verbund mit anderen Werkstoffen zu verbinden. Die Festigkeit und Langzeitbeständigkeit von

Klebverbindungen wird durch eine Reihe von Faktoren beeinflusst, diese gilt es zu berücksichtigen. Im Wesentlichen lassen sich vier Parameter festhalten. Diese werden im Bild 3-7 visualisiert. Die physikalischen und chemischen Eigenschaften eines Klebstoffs bestimmen die Adhäsion und Kohäsion einer Klebverbindung. Die Klebstoffauswahl wird unmittelbar durch den zu verklebenden Werkstoff mit seinen Oberflächeneigenschaften und durch die vorgesehenen Einsatzbedingungen

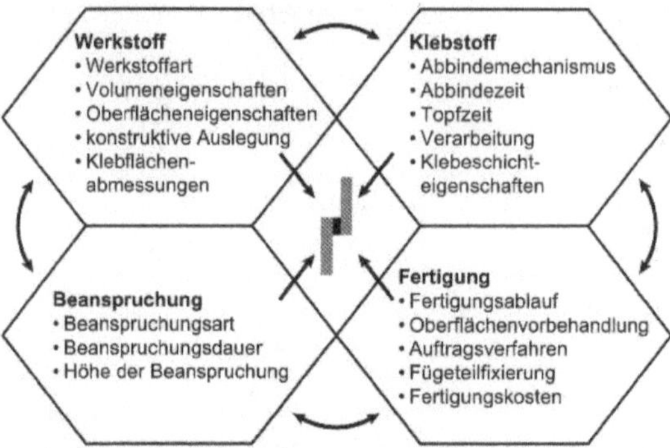

Bild 3–7 Einflussfaktoren einer Klebung /Ehr-04/

beeinflusst. Diese Kriterien wirken sich sehr deutlich auf die Langzeitbeständigkeit aus. Die Klebfugengeometrie wird als ein wichtigster Faktor für den optimalen Einsatz eines gewählten Klebstoffes erachtet. Hierbei spielt die Art der Beanspruchung eine wesentliche Rolle. Eine optimale Klebverbindung ist dann gegeben, wenn die einwirkenden Kräfte zu einer Zug- oder Druckbelastung mit ausgeglichener Spannungsverteilung in der Klebgeometrie führen. Jedoch lässt sich in der praktischen Anwendung das Einwirken von Scher-, Spalt- oder Schälkräften nicht vermeiden. Dies hat eine ungleichmäßige Spannungsverteilung in der Klebfuge zur Folge. Vorgelagerte und/oder nachgelagerte Fertigungsprozesse können in der Klebungsverbindung zu inhomogenen Eigenschaften führen, welche die mechanischen Eigenschaften und das Langzeitverhalten beeinträchtigen können. Zudem gilt es, in geklebten Verbindungen bei Temperaturfluktuationen die auftretenden Schubspannungen durch unterschiedliche Ausdehnung der Fügebauteile in der Konstruktion zu beachten. Aus der Vielzahl an Einflussfaktoren resultiert eine sehr große Zahl an Möglichkeiten und Komplexität. Deshalb existiert kein allgemein gültiges Schema, das die Klebstoffauswahl vereinfacht, und kein Allzweckklebstoff. Die Klebstoffauswahl wird in der Praxis durch Regeln und Erkenntnisse geprägt, die sich in bestimmten Anwendungen durchaus behaupten konnten. /Ehr-04/

3.4 Ausgewählte Anwendungsbereiche in der Industrie

Eine umfassende Beschreibung der industriellen Anwendungen des Klebens von Kunststoffen ist nicht möglich, da es so gut wie keine Industriebranche gibt, in der das Kleben nicht in irgendeiner Form angewendet wird. Zudem lässt sich kein Klebverfahren verallgemeinern, da diese meist einen sehr spezifischen Charakter aufweisen. Um die vorliegenden Bedingungen dieser Arbeit nicht zu sprengen, werden in diesem Kapitel einige ausgewählte Anwendungsbeispiele dargestellt.

Der Automobilbau setzt immer mehr auf Klebtechnologie, um seine Leichtbaukonzepte zu verwirklichen. So enthält ein Auto heute schon etwa 15 - 18 kg Klebstoff mit steigender Tendenz. Zudem werden immer häufiger Kunststoffe verwendet, vor allem wegen der geringen Materialdichte und der relativ einfachen Formgebung komplizierter Darstellungen. So entstehen durch die Klebtechnologie die unterschiedlichen Werkstoffkombinationen in dem Anwendungsbereich. Kunststoff-Kotflügel werden an die Metallstruktur sowie Dachteile oder Seitenscheiben aus Polycarbonat geklebt. Insbesondere bei kleinen und mittleren Serien gelten Faserverbundkunststoffe als bevorzugte Werkstoffe für Karosserieaußenteile. In viele Anwendungen ist das Kleben oft überlegen gegenüber den klassischen Verfahren, vor allem beim kombinierten Fügen wie zum Beispiel bei Kunststoffhecktüren mit einer Glasscheibe. Angewendet werden am häufigsten Klebstoffe aus der Polyurethangruppe, vorzugsweise zweikomponentige. Damit wird in kurze Zeit ein schneller und luftfeuchteunabhängiger Festigkeitsaufbau realisiert.

Im Lokomotivenbau ist die Klebtechnik noch nicht weit verbreitet. Die Klebtechnik beschränkt sich in dieser Branche weitgehend auf Schutzfolien. Bei den Personenzügen lassen sich unzählige Klebverbindungen aufzählen. So wurde beispielhaft der Sitzkopf des ICE, bestehend aus Kunststoff, verklebt. Als Prävention gegen Vandalismus werden sogenannte Anti-Graffiti-Folien geklebt.

Im Yachtbau zählt mittlerweile das Kleben zu einer unerlässlichen Konstruktionstechnik. Auf Grund des Kostendrucks, ähnlich wie bei Wohnmobilen, haben sich in diesem Bereich die Kunststoff-Verbundmaterialien weitestgehend durchgesetzt. Diese Verbundmaterialien werden für die gesamten Schiffsaufbauten verwendet, und der Kleber dient zugleich als Dichtmittel, insbesondere die Zweikomponenten-Epoxidkleber. Damit werden Schiffsrümpfe geklebt, ebenso Stringer und Spanten. Zunehmend kommen auch im Charterbereich die Klebsysteme in Verbindung mit Kunststoffwerkstoffen zum Einsatz. Beispielhaft wurde eine Hochgeschwindigkeitsfähre für 1000 Personen konstruiert. Sie ist ca. 60 Meter lang und erreicht eine Geschwindigkeit von 40 Knoten (ca. 75 km/h). Der Rumpf der Fähre besteht aus profilverstärkten Aluminium-Integralplatten. In diese Platten wurden Polycarbonat-Fenster eingelassen und mit glasfaserverstärkten Klebstoffen verklebt.

Der zunehmende Einsatz von Kunststoffen lässt sich in den letzten Jahren im Bereich der Verpackungsmaterialien verzeichnen. Es werden Kunststofffolien zu flexiblen Verpackungen verarbeitet. Sie bestehen häufig aus Verbundfolie aus unterschiedlichen Kunststofffolien oder aus einer Kombinationen von Kunststofffolien, Metallfolien oder Papier. Der Folienverbund wird nach den gewünschten Eigenschaften konzipiert und verklebt. Die Kunststofffolien sind oftmals mit Aluminium oder Siliziumoxid bedampft oder acrylbeschichtet, um die Barriereeigenschaften der Folie oder auch den Lichtschutz zu verstärken. Zum Verkleben der Folien zum Verbund wurde eine Vielzahl von speziellen Polyurethanklebstoffen, auch Kaschierklebstoffe genannt, basierend auf entweder aromatischen oder aliphatischen Isocyanaten. Jedoch werden auch heute noch große Mengen lösemittelhaltiger Kaschierklebstoffe eingesetzt. /Bro-05/, /Ino-13/

4 Ausblick

Es lässt sich festhalten, dass ohne den Einsatz der Klebtechnologie die heutigen modernen Fertigungsverfahren, Entwicklungen und Innovationen, beispielsweise in der Automobilbranche oder der Medizin, nicht möglich wären.
Die steigenden Anforderungen an die Produkte jeder Art lassen sich durch Verbundsysteme aus unterschiedlichen Werkstoffen realisieren. Um diese Verbundsystem aus z. B. Edelstahl, Aluminium, Kunststoff und Glas zu schaffen, kommt nur die Klebtechnologie in Frage, denn durch dieses Fügeverfahren werden die Eigenschaften der Werkstoffe nicht modifiziert. Zudem bietet es vielfältige Einsatzmöglichkeiten und ist besonders wirtschaftlich. So nutzen viele Branchen mehr denn je diese Technologie mit einem weiterhin zunehmenden Trend.
Werden alle Vorteile des Klebens zusammengefasst, so ist verständlich, dass es als das Fügeverfahren des 21. Jahrhunderts deklariert wird, dessen Potential noch lange nicht ausgeschöpft ist.

Literaturverzeichnis

/Her-08/   Hermann, O.
Praxiswissen Klebtechnik: Band 1 Grundlagen
Hüthig Verlag Heidelberg, 2008

/Loc-91/   Einführung in die Klebtechnik
LOCTITE Deutschland GmbH München, 1991

/Sch-88/   Schindel-Bidinelli, E. H.; Gutherz, W.
Konstruktives Kleben: Ein Lehrgang
VCH Verlag Weinheim, 1988

/Bro-05/   Brockmann, W.; Geiß, P. L.; Klingen, J.; Schröder, B.
Klebtechnik: Klebstoffe, Anwendungen und Verfahren
WILEY-VCH Verlag Weinheim, 2005

/Dom-08/   Domininghaus, H.; Elsner, P.; Eyerer, P.; Hirth, T.
Kunststoffe: Eigenschaft und Anwendungen
Springer Verlag Berlin, 2008

/Ehr-04/   Ehrenstein, G. W.
Handbuch: Kunststoffverbindungstechnik
Hanser Verlag München, 2004

/DVS-12/   Deutscher Verband für Schweißtechnik und verwandte Verfahren e.V.
Taschenbuch DVS-Merkblätter und -Richtlinien: Fügen von
Kunststoffen
Beuth Verlag Berlin, 2012

/Hab-12/   Habenich, G.
Kleben - erfolgreich und fehlerfrei: Handwerk, Praktiker, Ausbildung,
Industrie
Vieweg-Teubner Verlag Wiesbaden, 2012

/Hab-95/   Habenich, G.
Kleben: Leitfaden für die praktische Anwendung und Ausbildung
Vieweg Verlag Wiesbaden, 1995

/Onu-08/   Onusseit, H.
Praxiswissen Klebtechnik: Band 1: Grundlagen
Hüthing Verlag Heidelberg, 2008

/Hab-08/   Habenich, G.
Kleben: Grundlagen, Technologien, Anwendungen
Springer Verlag Berlin, 2008

/Pot-04/   Potente, H.
Fügen von Kunststoffen: Grundlagen, Verfahren, Anwendung
Hanser Verlag München, 2004

Quellen aus dem Internet:

/Rol-13/   http://www.kuhn-brandschutz.com/aktuelles/98-Klebefibel-der-Rolf-Kuhn-GmbH.pdf (Stand 27.07.2013)

/Rie-13/   http://www.riewoldt.de/uploads/pics/Brucharten_von_Klebungen_web.jpg (Stand 18.07.2013)

/Kon-13/   http://www.kleber-klebstoff-beratung.de/infos/konstruktiv-01-kleben.php (Stand 18.07.2013)

/Ino-13/   http://bayern-innovativ.de/kleben2013 (Stand 24.07.2013)

/Uhu-32/   http://www.uhu.com/information/ueber-uhu/firmenhistorie.html (Stand 10.07.2013)

/Ind-13/   http://www.klebstoffe.com/index_information.htm (Stand 15.06.2013)